发电企业安全监察图册系列

发电厂作业现场隔离安全监察图册

国家能源投资集团有限责任公司 编

应 急 管 理 出 版 社

· 北 京 ·

图书在版编目（CIP）数据

发电厂作业现场隔离安全监察图册／国家能源投资
集团有限责任公司编 . – –北京：应急管理出版社，2020
（发电企业安全监察图册系列）
ISBN 978 – 7 – 5020 – 8320 – 5

Ⅰ. ①发…　Ⅱ. ①国…　Ⅲ. ①发电厂—安全生产—
安全监察—图集　Ⅳ. ①TM62 – 64

中国版本图书馆 CIP 数据核字（2020）第 182134 号

发电厂作业现场隔离安全监察图册

（发电企业安全监察图册系列）

编　　者	国家能源投资集团有限责任公司	
责任编辑	闫　非　刘晓天　张　成	
责任校对	李新荣	
封面设计	于春颖	

出版发行　应急管理出版社（北京市朝阳区芍药居 35 号　100029）
电　　话　010 – 84657898（总编室）　010 – 84657880（读者服务部）
网　　址　www. cciph. com. cn
印　　刷　中煤（北京）印务有限公司
经　　销　全国新华书店

开　　本　787mm×1092mm$^1/_{16}$　印张　$3^3/_4$　字数　65 千字
版　　次　2020 年 12 月第 1 版　2020 年 12 月第 1 次印刷
社内编号　20200911　　　　　定价　30.00 元

《发电厂作业现场隔离安全监察图册》
编 写 组

主　　编　刘国跃

副 主 编　赵岫华　李　巍　赵振海　李文学　仝　声

编写人员　唐茂林　柴小康　黄　宣　徐小波　付　昱　肖国振　满长沛
　　　　　　　李彦江　王兆暄　郎世伟　陈　立

前　　言

为认真贯彻"安全第一、预防为主、综合治理"的安全生产方针，落实企业安全生产主体责任，规范履行安全监察监管责任，构建安全风险分级管控和隐患排查治理双重预防机制，国家能源投资集团有限责任公司组织编制了《发电企业安全监察图册系列》。

《发电厂作业现场隔离安全监察图册》是《发电企业安全监察图册系列》的一种。本图册以国家能源投资集团有限责任公司所属国华太仓发电公司为编写的依托单位。图册严格依据国家、行业以及集团有关规定，充分结合多年来发电厂安全管理实践，规范指导发电厂作业现场的安全隔离设施设置以及相关安全责任落实、安全信息管理等。国家能源投资集团有限责任公司多次组织电力行业有关专家开展论证会，对本图册编写内容进行评审修订。本图册可作为发电企业各级领导、安全管理人员对发电厂作业现场隔离安全管理的工具用书，也可作为指导、监督、检查的标准规范。

由于编写人员水平有限，编写时间仓促，书中难免有不足之处，真诚希望广大读者批评指正。

编　者

2020 年 7 月

编　制　依　据

《中华人民共和国安全生产法》

《中华人民共和国道路交通安全法》

《中华人民共和国消防法》

《中华人民共和国特种设备安全法》

《危险化学品安全管理条例》(中华人民共和国国务院令　第 645 号)

《安全色》(GB 2893)

《安全网》(GB 5725)

《安全标志及其使用导则》(GB 2894)

《工作场所职业病危害警示标识》(GBZ 158)

《机械设备安装工程施工及验收通用规范》(GB 50231)

《电业安全工作规程　第 1 部分：热力和机械》(GB 26164.1)

《电力安全工作规程　发电厂和变电站电气部分》(GB 26860)

《企业安全生产标准化基本规范》(AQ/T 9006)

《电力建设安全工作规程　第 1 部分：火力发电》(DL 5009.1)

《电力设备典型消防规程》(DL 5027)

《火力发电企业生产安全设施配置》(DL/T 1123)

《危险性较大的分部分项工程安全管理规定》(中华人民共和国住房和城乡建设部令　第 37 号)

国家能源投资集团有限责任公司安全文明生产标准化系列文件

目　　　录

第 一 章　责 任 网 格 化

一、总体原则

（1）发电企业作业现场实行责任网格化。发电企业、施工单位分别建立相关的三级安全责任体系，将各作业区域的安全生产责任层层落实到人，开展作业现场监督检查，推动安全隐患问题闭环整改，确保安全。

（2）发电企业的责任网格化。发电企业建立作业现场管理的企业、部门、班组三级责任体系。

（3）施工单位的责任网格化。施工单位建立作业现场管理的项目部、专业、施工组三级责任体系。

（4）专项作业安全监察。发电企业组织系统内外专家队伍，对高处、动火等高风险作业开展专项安全监察，有针对性地解决作业现场重点、共性安全隐患问题。

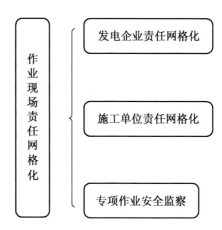

二、发电企业责任网格化

基本要求

（1）建立作业现场班组级专职监护、部门级区域监管、企业级综合监督的三级安全监督管理网络。安全人员分级管理，按照工作性质划分层次和责任，有机结合旁站监护和流动监护，形成高风险定点定人监控、中风险过程监控、低风险流动监控的安全监督体系。

（2）班组级专职监护。班组员工对所辖设备的作业工作进行专职监护，对工作的风险点进行预控，对工作的危险点进行管控，对工作的全过程负责。

（3）部门级区域监管。部门人员按照汽机、锅炉、脱硫等区域进行责任划分，每人对责任区域作业的安全全面负责，对责任区域各专业的安全进行检查和监督。

（4）企业级综合监督。明确公司领导责任，充分发挥三级安全网络沟通和落实，每天通过生产早会、承包商安全网会、专题调度会等有效衔接管控，确保发现问题、及时整改、落实闭环。

1. 班组级专职监护

充分发挥工作负责人、安全监护人在每项作业中的双重管控作用，做到无监护不工作。

（1）工作负责人。正确地和安全地组织工作；对作业人员给予必要指导；检查作业人员是否遵守安全工序和安全措施。

（2）安全监护人。确保工作前风险辨识有效，每名作业人员正确填写人身安全风险分析预控本；外部因素发生变化时及时进行风险评估；随时检查工作人员是否遵守安全工序和安全措施，随时检查工作人员是否按照风险辨识进行有效防护；坚持高风险工作旁站监护、中风险工作区域监护、低风险工作流动监护的安全监护标准。

开工前工作负责人安全交底

检修现场专职安全监护人

2. 部门级区域监管

各部门将作业责任区域落实到责任人，各责任人对各自责任区域作业的安全全面负责，对责任区域内各专业安全管理、班组级责任制划分进行监督、检查，形成部门级管控体系。

（1）生产组织管理部门及安全监察部门负责对现场安全和技术全面管控。

（2）检修维护部门主要负责现场施工作业安全监督管理。

（3）运行管理部门主要负责现场运行操作安全监督管理。

3. 企业级综合监督

各企业应明确领导人员责任，主要负责过程监督、制度监管、标准监察。

组织开展安全检查，监督高风险作业，开展现场监督检查等。

部门人员现场安全监管

部门级作业安全责任区域划分

序号	责任区域	安健环部责任人	生技部责任人	维护部责任人	运行部责任人
1	汽机 13.7 m 至除氧器	张某一	王某一	李某一	赵某一
2	汽机 0～6.4 m	张某二	王某二	李某二	赵某二
3	锅炉本体	张某三	王某三	李某三	赵某三
4	炉后区域	张某四	王某四	李某四	赵某四
5	脱硫除尘区域	张某五	王某五	李某五	赵某五

三、施工单位责任网格化

（1）施工单位建立作业现场管理项目部、专业、施工组三级责任体系。

（2）总承包单位要明确责任区域各级责任单位、责任人及管理职责。

（3）单项工程明确作业面分区管理责任人及管理职责。

（4）相关管理要求参见本章"发电企业责任网格化"。

施工企业的安全责任区域划分（锅炉检修）

序　号	责任区域	项目部责任人	专业责任人	施工组责任人	监理单位责任人
1	水冷壁检修区域	张某一	王某一	李某一	赵某一
2	磨煤机检修区域	张某二	王某二	李某二	赵某二
3	燃烧器检修区域	张某三	王某三	李某三	赵某三
4	风机检修区域	张某四	王某四	李某四	赵某四
5	脱硫除尘检修区域	张某五	王某五	李某五	赵某五

四、专项安全监察

发电企业组织系统内外专家队伍，对现场高处作业、动火作业等高风险作业开展专项安全监察，有针对性地解决作业现场重点、共性安全隐患问题。

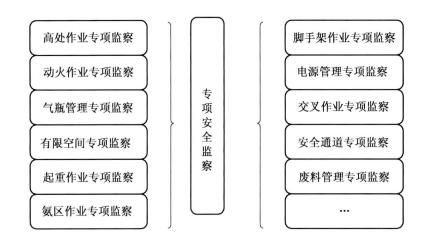

吊装钢丝绳专项检查

电气作业专项检查

第二章 隔 离 网 格 化

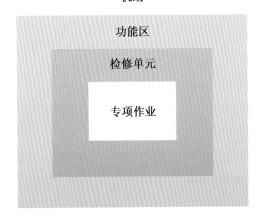

机组

功能区

检修单元

专项作业

四级分层隔离体系

一、总体原则

1. 四级隔离体系

隔离网格化，是按照机组、功能区、检修单元、专项作业的四级体系划分网格，实现作业现场的分层隔离。

（1）机组隔离。运行机组与检修机组、检修机组之间的有效隔离。

（2）功能区隔离。主要（重点）检修区域间的有效隔离。

（3）检修单元隔离。机、电、炉、热等各专业检修设备间的有效隔离。

（4）专项作业隔离。高风险作业、特种作业、特殊作业等的有效隔离。

2. 隔离设施类型及适用区域

检修现场隔离设施通常采用围栏，一般包括围板式、格栅式、伸缩式、彩钢板式、脚手架钢管式等形式。

（1）围板式围栏一般适用于汽机室内各层、磨煤机、给煤机等区域。

（2）格栅式围栏一般适用于户外区域及地面防护要求不高的场所等。

（3）伸缩式围栏一般适用于室内集控室、工程师站、配电室、电子间等区域。

（4）彩钢板式围栏一般适用于土建及扬尘要求全封闭的施工区域等。

（5）脚手架钢管式围栏一般适用于人行通道、吊装口、孔洞、临边防护、材料临时摆放区等。

3. 隔离设施材料选用原则

（1）配电室、电子间等电气区域隔离设施宜选用绝缘材料。

（2）户外的隔离设施应强化防风、防倾倒的措施。

（3）易燃易爆区域的隔离设施应采取防爆、防静电的措施。

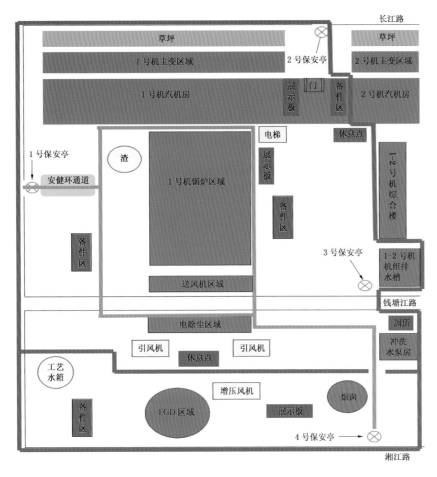

——隔离设施；　——主通道

检修机组与运行机组间的隔离

二、机组隔离

1. 基本要求

（1）运行机组与检修机组间、检修机组之间应有效隔离，并设置明显安全提示标志标识。

（2）隔离围栏间应可靠固定，不应存在可移动或开口的地方。

（3）充分考虑安全疏散通道、消防通道、大件运输通道等。通道处设置明显提示标志。

典型隔离位置包括，汽机房各层，锅炉房运转层、给煤机区域、磨煤机区域、风机区域、电除尘区域，循环水泵房，配电室，电子间，集控室等。

10

2. 汽机区域隔离

（1）隔离围栏应全封闭，围栏间应可靠固定，不应存在可移动或开口的地方。

检修机组的隔离及标识　　　　　　　运行机组的隔离及标识

（2）机组之间要有明确的分界线标识，明确指示机组位置及机组状态（运行、检修）。

（3）机组间如需预留通道，应有专人把守，出入登记，防止人员走错间隔。

机组分界线标识

检修机组与运行机组之间专人把守

（4）应设置规定的检修通道，并有明显提示。

运行机组隔离提示

检修机组隔离提示

3. 锅炉区域隔离

（1）锅炉 0 m 区域应全封闭。

（2）隔离围栏应全封闭，围栏间应可靠固定，不应存在可移动或开口的地方。

锅炉 0 m 隔离　　　　　　　　　　　锅炉 0 m 通道两侧分别隔离

（3）人行通道上方如有检修作业项目，应设置安全通道，通道上方装设封闭隔板。

（4）如需预留通道，应有专人把守，出入登记，防止人员走错间隔。

锅炉 0 m 安全通道

4. 电气区域隔离

（1）检修区域与运行区域之间有固定隔离的，应有醒目的警示标识。

（2）检修区域与运行区域之间没有固定隔离的，应增加隔离及警示标识。

主变运行区域隔离

主变检修区域隔离

（3）隔离围栏与带电设备之间保持安全距离。

（4）运行及带电设备设置明显的红色警示标识。

配电室设备检修隔离

5. 工程师站隔离

（1）工程师站宜采用门禁授权管理。

（2）检修机组与运行机组共用工程师站的，检修设备与运行设备间应有明显、有效的隔离，并设置明显的红色警示标识。

工程师站门禁授权管理

工程师站的隔离设施

6. 集控室隔离

运行机组与检修机组的操作区之间应有明显、有效的物理隔离。

集控室的隔离设施

三、功能区

1. 功能区划分要求

（1）检修前策划时应对机、炉、电、脱硫等检修场地进行整体策划，制作定置图。功能区应分为：通道、主作业区域、零部件堆放区、工器具区、备件材料区、气源电源区、废料区、现场办公区、休息区等。

（2）功能区隔离时原则上不占用通道。必须占用通道时，在通道两端应有明显提示，并保证有其他通道通行。通道处搭设脚手架时，应留出门型通道，门型通道上方采取必要的防护措施。

（3）大型检修现场办公区宜采用集装箱式，具备组织办公、会议、休息等功能。

（4）检修现场合理设置休息区，配备桌椅、饮水、垃圾箱等。休息区应做好隔离，并明确标识，确保安全。

（5）电机、阀门等检修工作可设置集中检修区域，集中检修区域宜布置在安全风险低、距离运行设备远、光照充足、防风防雨且不影响其他设备检修的位置。

2. 定置图

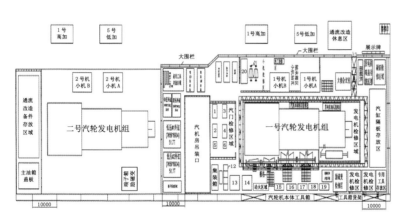

一 号 汽 轮 机 通 流 改 造 定 置 图

1—主汽阀(2个);2—高压调节阀(4个);3—再热主汽阀(2个);4—中压调节阀(4个);5—小机速关阀(2个);6—小机调节阀(2个);7—高压转子;8—中压转子20T(8415.8×1530);9—1号低压转子63T(8180×3548);10—2号低压转子83T(8180×3548);11—发电机转子66T(12025×1335);12—主机冷油器盖板;13—高压缸螺栓区;14—中压缸螺栓区;15—低压缸螺栓区;16—高压缸汽封区;17—中压缸汽封区;18—低压汽封区;19—汽封修刮装置;20—小机外缸;21—小机转子

检修区域总体定置图——汽轮机

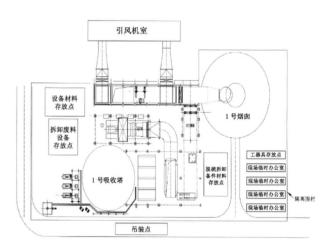

1号脱硫提效改造定置图

检修区域总体定置图——脱硫设施

3. 检修通道

（1）检修通道应考虑检修区域运送物资材料所需的空间。

（2）经常运输重物或使用率高的检修通道，宜采用橡胶垫上叠铺花钢板的方式。

硬化地面上的检修通道

（3）格栅板检修通道宜采用胶皮上铺花钢板的方式布置，并设置明确的区域指示标识。

（4）吊装口等有特殊用途的通道隔板应有明确的区分标识。

格栅板上的检修通道

吊装口隔板

汽机本体检修作业区域

4. 主作业区

（1）采用相对独立封闭。

（2）必要时设置门禁管理。

5. 零部件材料区

（1）大中小型零部件应分区摆放，做好标识；设置基准点，横成行、纵成列。

（2）重型部件下地面进行专项防护；小型部件使用收纳箱统一存放。

（3）不规则或带棱角的备件材料应采用防护措施。

大型零部件区域　　　　　　　　　　　中小型零部件区域

6. 工器具区

（1）工器具整齐摆放，设置相应的名称标牌。

（2）在架板上、容器内或其他没有足够空间摆放工器具的，应使用工具包，工具包应有效固定。

工器具定置摆放

手拉葫芦定置摆放

7. 废料区

（1）汽机、锅炉等大型作业区域均应设置废料箱。

（2）废料箱分为可回收、不可回收、有毒有害 3 种。

（3）对可能产生有毒有害物资的作业区域应设置专门的有毒有害回收箱，由专人负责并有明显的警示标识。

废油、岩棉废料处

金属废料箱

塑料废料箱

8. 现场办公区、休息区

检修现场设置办公区、休息区，配置桌椅、安全学习电视、安全警示展板、饮水机、垃圾桶等。

现场办公区

现场休息区

四、检修单元隔离

1. 汽轮机本体（含发电机）

（1）汽机本体区域实行门禁或登记制度，仅经授权的人员方可出入。

（2）汽机本体区域外采用大隔板整体封闭。内部各检修分区使用小隔板隔离，并预留通道。

人员出入登记

小分区隔离

2. 汽机辅机设备

（1）区域内设置待检区、检修区、备件区、工具区、废料区等。

（2）待检区、备件区按类别做好标识，注意地面防护和成品保护。

（3）拆卸后的孔洞做好封堵。

凝泵检修单元的隔离

真空泵检修孔洞的封堵

前置泵检修单元的隔离

前置泵检修单元的备件定置摆放

3. 锅炉制粉设备

给煤机检修隔离

给煤机检修单元的地面防护及展板

4. 锅炉烟风设备

风机检修隔离

烟风系统检修单元 0 m 隔离　　　　　　零部件定置摆放　　　　　　工器具定置摆放

5. 脱 硫 系 统

（1）防腐作业除应满足通用隔离原则外，还应设置门禁或专人管理。

（2）动火、防腐作业不可同时进行。

（3）物品集中存放，存放区张贴醒目的警示标识。

脱硫检修单元的门禁管理

脱硫检修单元的材料集中管理

6. 变压器与 GIS

电气检修单元隔离及标识

不规则通道隔离及标识

7. 配电柜

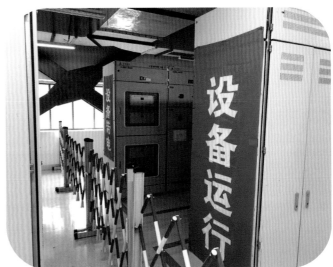

配电柜检修单元隔离及标识

五、专项作业隔离

1. 高处作业

（1）高处作业下方应进行有效的物理隔离，防止落物伤人。

（2）高处作业区域应设置牢固、可靠的安全防护设施，防止人员、工具、零部件、材料从高处坠落。

高处作业区域下方的隔离

2. 动火作业

（1）动火点周边应设置隔离围栏，按要求布置防火毯、阻燃布、接火盆及防火帽等。

（2）现场配备足够的消防器材，并有专人监护。

动火作业区域下方的隔离和防护

集中动火区域的隔离

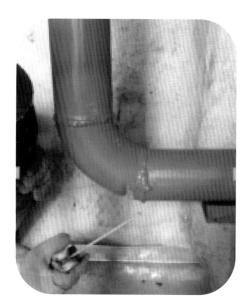

动火作业配置接火盆

3. 交叉作业

（1）检修现场尽量避免交叉作业。

（2）交叉的作业面间应采用可靠的物理隔离措施，如隔板、安全网、通道管制等。

（3）交叉作业应设专人监护。

交叉作业的隔离及人员监护

交叉作业的隔离防护

4. 有限空间作业

（1）有限空间作业实行出入登记制度。

（2）有限空间作业实行专人监护制度，随时掌握作业人员情况。

（3）作业结束后，由作业负责人检查有限空间内外，确认安全后方可封闭。

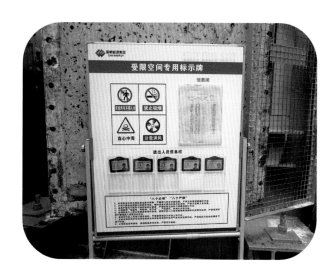

有限空间作业出入登记及专人监护

有限空间的封闭

5. 道路交通

（1）人车分流，互不干扰。厂区主要道路设置人行专用通道，禁止机动车通行。

（2）必要时设置人车分流围栏。

（3）0 m 以下基础施工时，车辆进出坡道也应满足人车分流要求。

围栏式分流道路指示

人车分流道路指示

基础施工分流道路指示

6. 安全通道

（1）检修区域统筹设置安全通道，明确要求并强制人员通行，严禁违规穿越。

（2）安全通道应做好隔离防护，有效防止高空落物等伤害。

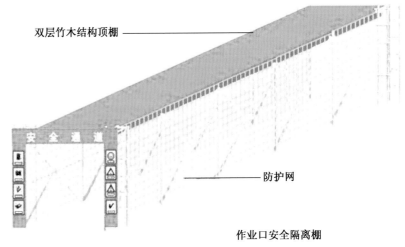

双层竹木结构顶棚

防护网

作业口安全隔离棚

7. 起重作业

对起重作业区域进行整体隔离，必须设专人监护并设有明显的警示标志。

大型吊装作业

小型吊装作业

第三章 信息网格化

一、全厂网格化视频监控

建立全厂视频监控系统，通过安全监察与消防监控中心，对作业现场进行网格化、全覆盖监控，实时掌握作业情况，及时发现安全风险。

安全监察中心

消防监控中心

二、高、中风险作业专项视频监控

在高、中风险作业现场，增设临时摄像装置，纳入全厂网格化视频监控系统，全过程监控作业安全风险。

高处作业（更换标识及外墙防腐）视频监控

高、中风险作业清单

序号	风险项目	高 风 险	中 风 险
1	脚手架搭设	作业面超过 15 m 及以上的脚手架。悬空吊篮脚手架	作业面在 5～15 m（含 5 m）的脚手架
2	容器内作业	盛装有毒、有害、有腐蚀、易燃易爆介质的容器内动火作业。容器内部进行防腐作业	盛装有毒、有害、有腐蚀、易燃易爆介质容器内部修理
3	起吊作业	汽轮机、发电机转子、定子、升压站、变压器区主要设备以及 40 t 以上设备起吊作业	5 t（含）以上 40 t 以下设备起吊工作，重要、精密设备起吊作业
4	动火作业	氢、油、氨、酸、碱、盐系统管道上及吸收塔内部的动火作业	其他部位一级动火作业
5	有毒有害环境作业	腐蚀性和有毒的化学品系统作业，或环境温度超过规定进入高温区域的工作	有害环境作业，环境温度 40 ℃以上工作
6	氢系统作业	氢系统本体、管道动火作业、氢系统堵漏	氢系统非动火作业
7	油系统作业	油系统本体、管道动火作业	油系统动火以外的作业
8	液氨系统检修	液氨系统本体、管道动火作业、运行中处理液氨系统本体、管道漏点	除液氨本体、管道外的氨系统检修（不包含动火作业）
9	地下系统（井、池、管道、地下密闭空间）	化粪池、地下污水池等有可能产生有毒有害气体的地下空间，且工作时间累计超过 4 h 的一类受限空间作业	除高风险外的受限空间作业
10	运行中高温高压管道、阀门检修	给水系统、主汽系统、再热器系统、抽汽系统、厂用汽系统、部分凝结水系统	温度低于 65 ℃，压力小于 1.6 MPa 以下的检修工作
11	高空作业	作业高度超过 15 m 以上的（含 15 m 以上脚手架上作业）	除高风险作业外，作业面距基准面垂直高度在 5 m 以上（含 5 m 以上脚手架上）作业的
12	主变、高厂变、高公变检修	变压器吊运。主变、高厂变、高公变检修本体一级动火作业	用汽车吊起吊作业的相关工作及设备外绝缘清扫
13	高压配电装置检修	500 kV 母线、悬瓶设备外绝缘清扫。一级动火工作票	500 kV、220 kV 开关，刀闸、CT、PT、避雷器更换。220 kV 母线、悬瓶设备外绝缘清扫
14	…	…	…

三、门禁集中管理

在重点作业区域、人员出入主要通道处，建立门禁系统。防止无关人员进入作业现场，防止作业人员意外滞留现场。

门禁管理

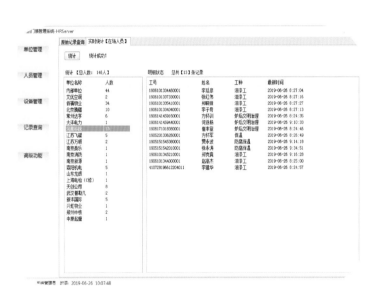

现场作业人员的实时名单

四、安全信息网格化

（1）在主要作业区域、人员出入主要通道、现场休息区等处，设置展板、电视、LED 显示屏等，实现安全教育网格化。

（2）组建覆盖承包商的安全生产微信群组，及时发布安全管理要求、现场隐患图片、应急信息等，实现安全信息的网格化。

作业现场休息点安全教育展板

作业现场安全警示教育大屏

安全信息微信群

49